BEI GRIN MACHT SICH IHR
WISSEN BEZAHLT

AF667714

- Wir veröffentlichen Ihre Hausarbeit, Bachelor- und Masterarbeit

- Ihr eigenes eBook und Buch - weltweit in allen wichtigen Shops

- Verdienen Sie an jedem Verkauf

Jetzt bei www.GRIN.com hochladen und kostenlos publizieren

GRIN

Bibliografische Information der Deutschen Nationalbibliothek:

Die Deutsche Bibliothek verzeichnet diese Publikation in der Deutschen Nationalbibliografie; detaillierte bibliografische Daten sind im Internet über http://dnb.d-nb.de/ abrufbar.

Dieses Werk sowie alle darin enthaltenen einzelnen Beiträge und Abbildungen sind urheberrechtlich geschützt. Jede Verwertung, die nicht ausdrücklich vom Urheberrechtsschutz zugelassen ist, bedarf der vorherigen Zustimmung des Verlages. Das gilt insbesondere für Vervielfältigungen, Bearbeitungen, Übersetzungen, Mikroverfilmungen, Auswertungen durch Datenbanken und für die Einspeicherung und Verarbeitung in elektronische Systeme. Alle Rechte, auch die des auszugsweisen Nachdrucks, der fotomechanischen Wiedergabe (einschließlich Mikrokopie) sowie der Auswertung durch Datenbanken oder ähnliche Einrichtungen, vorbehalten.

Impressum:

Copyright © 2016 GRIN Verlag
Druck und Bindung: Books on Demand GmbH, Norderstedt Germany
ISBN: 9783346223999

Dieses Buch bei GRIN:

https://www.grin.com/document/585268

Philipp Straßer

Naturnaher Umgang mit Regenwasser. Am Beispiel der Emscherregion

Wasser in der Stadt von morgen

GRIN Verlag

GRIN - Your knowledge has value

Der GRIN Verlag publiziert seit 1998 wissenschaftliche Arbeiten von Studenten, Hochschullehrern und anderen Akademikern als eBook und gedrucktes Buch. Die Verlagswebsite www.grin.com ist die ideale Plattform zur Veröffentlichung von Hausarbeiten, Abschlussarbeiten, wissenschaftlichen Aufsätzen, Dissertationen und Fachbüchern.

Besuchen Sie uns im Internet:

http://www.grin.com/

http://www.facebook.com/grincom

http://www.twitter.com/grin_com

Universität Salzburg

Regionalgeographische Exkursion (Stadt-/Landschaftsökologie)

Sommersemester 2016

Wasser in der Stadt von Morgen: Projekte, Beteiligte, Herausforderungen

Philipp Straßer

Inhaltsverzeichnis

1. Einleitung

Wasser ist ein wichtiger Faktor, besonders in urbanen Regionen. Der natürliche Wasserkreislauf wird in Städten beispielsweise durch Versiegelung und die Begradigung von Fließgewässern enorm beeinflusst. Ein veränderter Grundwasserspiegel, Hochwasser und die Zerstörung von wichtigen Ökosystemen sind die Folge davon. Urbanisierung und der Klimawandel sind neue Herausforderungen für die Stadtplanung. Man wird sich auf höhere Temperaturen, mehr Starkregenereignisse und niederschlagsärmere Sommer einstellen müssen. Neue Konzepte in der Wasserwirtschaft sind gefragt, um dem entgegenzuwirken. Eine Vorreiterrolle kann hier die Emscherregion einnehmen, die trotz der dichten Besiedlung und der zusätzlichen Belastungen durch den Bergbau, zahlreiche innovative Projekte verwirklicht hat.

In dieser Arbeit sollen zunächst die historischen Gegebenheiten und der Umbau der Emscher, die viele andere Projekte in Gang gesetzt hat, geschildert werden. Das Hauptaugenmerk der Arbeit liegt auf dem naturnahen Umgang mit Regenwasser, dessen Konzept und Maßnahmen im Anschluss dargelegt werden. Ein weiterer Teil umfasst die Darstellung einiger bereits realisierter Projekte aus der Emscherregion. Am Ende werden noch die Probleme und Herausforderungen der Zukunftsinitiative ausgeführt.

2. Historische Besonderheiten der Wasserwirtschaft in der Emscherregion

Die Emscher fließt durch eine dichtbesiedelte Industrieregion, wodurch sich historisch einige Eigenarten in Bezug auf den Wasserkreislauf ergaben. Wie viele Flüsse Europas wurde die Emscher in ein begradigtes Flussbett eingeengt. Zur Zeit des aktiven Bergbaus war die Errichtung einer Kanalisation für die Abwässer unmöglich. Durch Bergsenkungen würden die Rohre immer wieder beschädigt werden. Man entschied sich sowohl alle häuslichen als auch die industriellen Abwässer oberirdisch über die Emscher abzuleiten. Die Sohle wurde mit Beton ausgekleidet und abgedichtet, damit das Schmutzwasser nicht ins Grundwasser gelangen kann. Lediglich eine Kläranlage bei der Mündung der Emscher in den Rhein sollte für Reinigung sorgen. Die Folge waren gesundheitliche Gefährdung durch das stark belastete Wasser und häufige Überschwemmungen bei Hochwasser. Gerade diese schlechte Ausgangslage nahm man mit der Gründung der Emschergenossenschaft zum Anlass den Wasserkreislauf langfristig hinsichtlich einer nachhaltigen Wasserwirtschaft zu verändern. (Sauerland et al 2013: 42-43)

3. Emschergenossenschaft

Die Emschergenossenschaft ist ein deutscher Wasserwirtschaftsverband, der mit dem Lippeverband zusammenarbeitet. Die Emschergenossenschaft wurde 1899 gegründet und ist somit der erste Wasserwirtschaftsverband Deutschlands. Finanziert wird er von den Mitgliedsgemeinden (siehe Abbildung 1), aber auch von Wirtschaft und Bergbau. Zuständig ist die Genossenschaft für Abwasserreinigung, Hochwasserschutz und Grundwasserbewirtschaftung. Sie ist außerdem ein wichtiger Motor für integrale Wasserwirtschaft in der Region. (Emschergenossenschaft o.J. a)

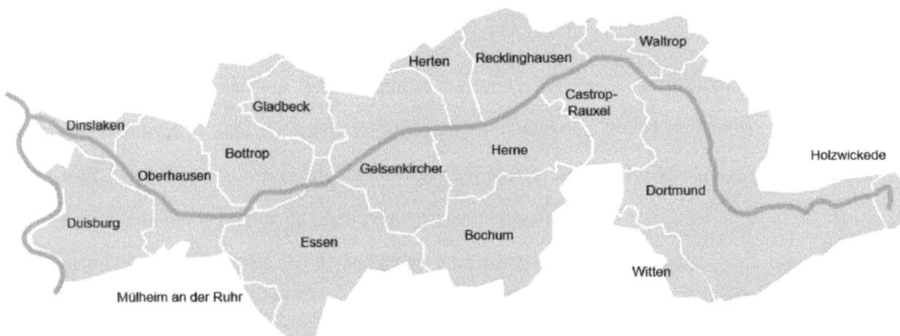

Abbildung 1 Emscherkommunen

4. Zukunftsinitiative Wasser in der Stadt von Morgen

Im Mai 2014 unterzeichneten die Gemeinden der Emscher Region (siehe Abbildung 1), die Emscher Genossenschaft und das Ministerium für Klimaschutz, Umwelt, Landwirtschaft, Natur- und Verbraucherschutz Nordrhein-Westfalen eine Absichtserklärung für die Zukunftsinitiative „Wasser in der Stadt von Morgen". Sie basiert auf der Zukunftsvereinbarung Regenwasser (2005) und dem Masterplan Emscher Zukunft (2006) und erweitert diese. Hauptbestandteil ist die integrale und nachhaltige Wasserwirtschaft in der Stadtplanung als wichtiger Faktor für die Stadtregion. Im Sinne des Zukunftsgedankens will man verstärkt auf die Faktoren demographischer Wandel und Anpassungen an den Klimawandel eingehen. Durch die Zukunftsinitiative sollen wichtige Projekte in der Wasserwirtschaft gemeinsam mit Naturschutz, Verkehrs-, Stadt- und Freiraumplanung verknüpft und durchgeführt werden. Durch Kooperation und ganzheitliche Betrachtungsweise soll es ermöglicht werden, auch in Zukunft die Finanzierung von Projekten zu sichern. Beispielsweise will das Land Nordrhein-Westfalen innovative Projekte mit einem jährlichen Wettbewerb finanziell unterstützen. (Emschergenossenschaft o.J. b)

5. Renaturierung von Fließgewässern am Beispiel der Emscher

Die meisten europäischen Flüsse wurden in den letzten beiden Jahrhunderten begradigt oder verbaut. Die Renaturierung von Fließgewässern ist ein wichtiges Element der naturnahen Wasserwirtschaft und des ökologischen Hochwasserschutzes. Kanalisierte Fließgewässer können viel weniger Wasser aufnehmen als ein mäandrierender Fluss und geben das Wasser auch schneller weiter. Gerade in dicht bebauten Regionen kommt es so schnell zu Überschwemmungen. Neben dem Schutz vor Hochwasser bietet die Aue eines renaturierten Flusses auch ökologisch wertvollen Lebensraum für Pflanzen und Tiere. (Bund für Umwelt und Naturschutz Deutschland e.V. (BUND) 2002: 12-13) Mit der Renaturierung geht die Anlage von grünen Korridoren entlang der Flüsse einher, diese leisten einen Beitrag zur Kühlung des Stadtklimas und zur Senkung des CO^2 Gehaltes. (Sauerland et al 2013: 50) Revitalisierte Flüsse sollen auch für den Menschen wieder zugänglich und als Erlebnis- und Erholungsraum genutzt werden.

Der Umbau der Emscher ist ein generationsübergreifendes Projekt, an das auch viele andere Maßnahmen (Umwandlung ehemaliger Industriestandorte, Schaffung von Grünland) anschließen. 4,5 Milliarden Euro werden als Investitionsvolumen angegeben, bei einer geplanten Bauzeit von 1992 bis 2020. Bevor die Emscher und ihre Nebenflüsse revitalisiert werden konnten, musste zuerst eine Entkoppelung von den eingeleiteten Abwässern erfolgen. Nach dem Ende des Bergbaus war es möglich Abwasserkanäle einzurichten, zusätzlich zu den drei neuen biologischen Kläranlagen entlang der Emscher. Die Renaturierung begann im Quellgebiet in Holzwickede und soll bis zur Mündung bei Dinslaken erfolgen. Die Betonsohle wurde entfernt und ein verbreitertes Bachbett angelegt. Rundum den Fluss soll sich eine Aue entwickeln, dies kann zu Problemen führen, da die Siedlungsflächen sehr nahe am Fluss liegen. Poldergebiete und Deichstrecken sind weitere zu beachtende Faktoren beim Umbau. Schon heute erntet man erste Erfolge des Projektes (Siehe Abbildung 2), die Artenvielfalt erhöht sich und sogar seltene

Tierarten der roten Liste wurden vorgefunden. Allerdings wird nicht in allen Gewässern wieder ein guter ökologischer Zustand nach der europäische Wasserrahmenrichtlinie wiederhergestellt werden können. Hindernisse sind Platzmangel, Nutzungsdruck im Ballungsraum, Isolationseffekte und anhaltende Beeinträchtigung der Gewässerqualität. (Sauerland et al 2013: 44-48)

Abbildung 2 Zufluss der Emscher vor und nach dem Umbau

6. Dezentrale Regenwasserbewirtschaftung

Dezentrale Regenwasserbewirtschaftung ist eine der Hauptelemente der Zukunftsinitiative. Es soll das System der Mischkanalisation ablösen, dessen Art der Abwasserbeseitigung in Deutschland seit etwa 150 Jahren existiert. (Held 2013: 52)

Lange war man der Ansicht, dass Niederschlagswässer gemeinsam mit den Abwässern so schnell wie möglich über die Kanalisation abtransportiert werden soll. Dieser sogenannten Mischkanalisation steht die naturnahe Regenwasserbewirtschaftung gegenüber. Im Gegensatz zum konventionellen Umgang mit Regenwasser versucht man hier Abwasser und Niederschlag zu trennen. Das Regenwasser soll direkt vor Ort ins Grundwasser oder ein Gewässer eingeleitet werden. Das Konzept der naturnahen Regenwasserbewirtschaftung beinhalten neben der Versickerung auch die Entsiegelung von Flächen, die Rückhaltung, Verdunstung und Nutzung des Wassers (siehe Abbildung 3).

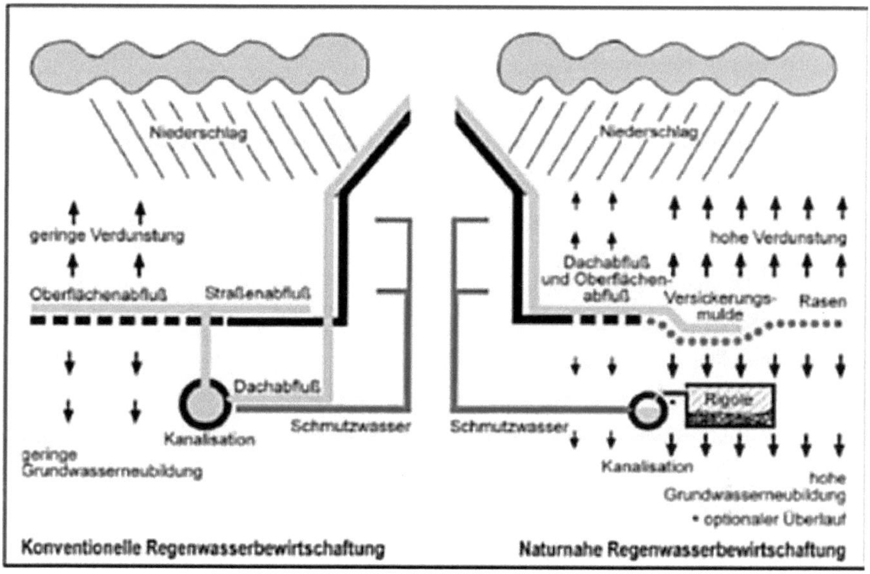

Abbildung 3 Konventionelle und Naturnahe Regenwasserbewirtschaftung

Im Folgenden sollen die Vor-und Nachteile (Held 2013: 53) der Mischkanalisation im Vergleich zur naturnahen Behandlung von Regenwasser Systeme genannt werden:

- Die Mischkanalisation weist einen stark veränderten Gebietswasserhaushalt durch den Abtransport des Regenwassers auf. Es fehlt als Grundwasser und in den Oberflächengewässern.
- Böden weisen eine geringere Durchfeuchtung auf, manche Böden verlieren dadurch ihre Kühlfähigkeit, was zu einer Veränderung des Stadtklimas führt.
- Das Wasser fließt unterirdisch, dadurch fehlt es als Lebensraum, Gestaltungs- und Erlebnismöglichkeit im Stadtgebiet.
- Errichtung und Erhaltung einer Mischkanalisation sind teuer und erlaubt wenig Anpassung an veränderte Bevölkerungszahlen.
- Es herrschen große Unterschiede bei der Wassermenge zwischen Starkregen und Trockenereignissen. Die Rohre sind großzügig dimensioniert und deswegen in Trockenperioden wenig ausgelastet. Geringer Durchfluss begünstigt Ablagerungen, Korrosion und Geruchsbelästigung, Kosten für eine Reinigung fallen durch an.

- Kläranlagen arbeiten am besten mit einer konstanten Wassermenge. Durch die Unregelmäßigkeit von Niederschlägen ist dies schwer zu bewerkstelligen, zusätzliche Regenrückhaltebecken sind notwendig.
- Die Mischkanalisation verbraucht deutlich weniger Fläche, da sie unterirdisch verläuft.
- Die Planung einer naturnahen Regenwasserbewirtschaftung ist aufwändiger, da mehr Faktoren beachtet werden müssen.

Im Mittel 95% ans Kanalnetz angebunden, davon sind trotz der Vorteile einer dezentralen Regenwasserbewirtschaftung 44% (2007) Mischwasserkanäle. Dies liegt vor allem daran, dass Mischkanalisationen vielerorts noch die „gängige Praxis" sind und in der Planung weniger aufwändig. Naturnahe Regenwasserbewirtschaftung ist vorrangig eine Frage des vorhandenen Platzes. In dicht bebauten Gebieten ist der Umstieg schwerer voranzutreiben, die Emschergenossenschaft gibt die Rate der Abkoppelung in innerstädtischen Bereichen bei 2-3% an, im Gegensatz dazu 66% bei gewerblichen Einzelobjekten. (Held 2013: 53)

7. Maßnahmen im Rahmen einer naturnahen Regenwasserbewirtschaftung

In diesem Kapitel sollen Strategien für den dezentralen Umgang mit Regenwasser veranschaulicht werden. Für die Auswahl der Art der Maßnahme (Held 2013: 53-54) sind folgende Faktoren von Bedeutung:

- Die Art und Durchlässigkeit von Böden
- Relief
- Flächenverbrauch der Anlage hinsichtlich der vorliegenden Bebauungsdichte
- Boden- und Grundwassergefährdung
- Veränderung des Landschaftsbildes
- Wartungsintensität/Wirtschaftliche Überlegungen
- Naturgesetzfachliche Aspekte
- Anthropogene Altlasten (ein wichtiges Thema im Ruhrgebiet)
- Abstandsregelungen und Grundwasserflurabstand
- mögliche Unfallgefahren

7.1. Entsiegelung von Flächen

Am Einfachsten vermeidet man das Anfallen von Niederschlagswässern durch unbebaute Flächen. Je geringer die Versiegelung, desto mehr kann versickern. Somit muss weniger durch technische Hilfsmittel abgeleitet oder versickert werden. Entsiegelung wirkt dem raschen Abfluss von Regenwasser entgegen und entlastet somit bei Starkregenereignissen. Auch im Nachhinein ist es sinnvoll bereits bebaute Areale, die nicht mehr oder wenig genutzt werden, wieder in Grünland umzuwandeln. (Umweltschutzverein Bürger und Umwelt 2009: 4)

Abbildung 4 Rasenziegel

Selbst bei Nutzungen, die eine versiegelte Fläche benötigen, ist es möglich die Wassersdurchlässigkeit zu erhöhen. Zum Beispiel für Asphalt oder Beton gibt es viele Alternativen, die eine bessere Versickerung gewährleisten. Zu nennen sind hier natürliche Beläge wie Schotter und Kies für eher wenig befahrene Straßen, Holzpflaster und –roste für Wege oder Rindenhäcksel für Spielplätze. Rasengittersteine/-ziegel (siehe Abbildung 4) oder Splittfugenpflaster weisen durch ihre Aussparungen ebenfalls eine gute Versickerung auf. Drainasphalt und Einkornbeton bieten durch ihre Porosität auch die Möglichkeit als Belag für stärker frequentierte Verkehrsflächen verwendet zu werden. (Magistrat der Stadt Wien 2013: 5)

7.2. Arten der Versickerung

In diesem Kapitel werden vier unterschiedliche Arten der Versickerung vorgestellt. Sie haben individuelle Vor- und Nachteile und unterscheiden sich in Platzverbrauch, Aufwand und Pflege.

7.2.1 Flächenversickerung

Bei dieser Art der Versickerung wird das Regenwasser direkt von der Fläche aufgenommen, wo es anfällt oder zu einer unbebauten Fläche weitergeleitet. Zu bedenken ist, dass der Boden auch in der Lage ist das Niederschlagswasser von seiner versiegelten Umwelt aufzunehmen. Vorteile sind eine gute Reinigungsleistung bei vorhandenem Bewuchs, sowie eine einfach Wartung und Herstellung. (Umweltschutzverein Bürger und Umwelt 2009: 5)

7.2.2. Muldenversickerung

Das Konzept der Muldenversickerung zielt darauf ab das Wasser in einer Senke zu sammeln. Das Regenwasser wird in dieser Mulde kurzzeitig gespeichert und kann sowohl verdunsten als auch versickern. Die Vorteile sind die simple Anfertigung und die gute Reinigungsleistung des Niederschlagwassers, da die Geländevertiefung bewachsen ist. (Umweltschutzverein Bürger und Umwelt 2009: 6)

7.2.3. Versickerungsschacht

Das Regenwasser wird unterirdisch in den Versickerungsschacht zugeführt und im Schacht gespeichert. Es soll dann entweder nur über die Schachtsohle oder zusätzlich auch über Löcher in den Schachtwänden entweichen. Ein Nachteil dieser Methode ist die große vertikale Ausdehnung eines Schachts. Neben der ausreichenden Tiefe des Schachtes muss außerdem noch ein Abstand zum Grundwasserspiegel von einem halben Meter gewährleistet werden können. Ein weiterer Kritikpunkt ist, dass das Wasser nicht durch den belebten Oberboden gefiltert wird. Somit kommt für diese Art nur gering belastetes Regenwasser, also Niederschlag der vom Dach eingeleitet wird, in Frage. Eine Stärke des Versickerungsschachtes ist der geringe Platzverbrauch an der Oberfläche. (Umweltschutzverein Bürger und Umwelt 2009: 10)

7.2.4. Rigolenversickerung

Rigole sind künstlich in den Boden eingebrachte Speicherelemente, die meist aus Kunststoffen oder Kies bestehen. Sie sind insbesondere dann geeignet, wenn der Boden über eine geringe Wasserdurchlässigkeit verfügt. Rigolen können auch mit anderen Versickerungselementen wie Mulden kombiniert werden. Nachteilig sind die relativ aufwändige Herstellung und die Neigung zur Verschlämmung. (Umweltschutzverein Bürger und Umwelt 2009: 9)

7.3. Teiche und Biotope

Das Regenwasser kann auch genutzt werden um den Garten oder öffentliche Flächen zu gestalten. Das Wasser kann in künstlich angelegte Teiche oder Biotope geleitet werden, ähnlich der Muldenversickerung. Im Gegensatz dazu ist das Biotop dauerhaft mit Wasser gefüllt, das Niederschlagswasser wird also hauptsächlich über die Verdunstung wieder abgegeben. Idealerweise kombiniert man einen Teich mit einer Versickerungsmöglichkeit für überlaufendes Wasser bei Starkregenereignissen. (Sieker 2016 a) Vorteile sind die zusätzliche Reinigung des Wassers durch Absetz- und Abbauvorgänge (Umweltschutzverein Bürger und Umwelt 2009: 7) und der Nutzen eines Biotops (z.B.: Schwimmteich, Lebensraum für Pflanzen und Tiere, ästhetische Aspekte). Nachteile sind der aufwändigere Bau und die intensivere Pflege. (Sieker 2016 a)

7.4. Dachbegrünung

Abbildung 5 Dachbegrünung einer Bushaltestelle

Dachbegrünung ist eine zusätzliche Maßnahme, die das Regenwasser speichert und verbraucht. Grundsätzlich werden Flachdächer mit Pflanzen bedeckt, allerdings ist es möglich Dächer bis zu einer maximalen Neigung von 45° zu begrünen. (Sieker 2016 b) Die Art der Begrünung kann sehr vielfältig sein, man unterscheidet zwischen extensiver und intensiver Dachbegrünung. Schon eine extensive Bepflanzung ist wirkungsvoll, 40-60 % des Jahresniederschlages auf dem Dach können damit zurückgehalten werden. Bei der intensiven Form sind es sogar 90% des Jahresniederschlages, die gespeichert oder verdunstet werden. Dachbegrünung bietet nicht nur Entlastung bei kurzzeitigen Starkregenereignissen, sondern trägt auch zur Kühlung des Stadtklimas bei. Schon ein Millimeter Niederschlag, der auf 1 m² Dachfläche verdunstet, ergibt eine Verdunstungskälte von 0,68 kWh. Ein weiterer Vorteil ist die längere Lebensdauer des Daches im Gegensatz zu herkömmlichen Flachdächern. Das

Dach ist durch die Vegetationsdecke zusätzlich geschützt. Dachbegrünung begünstigt außerdem die Wärmedämmung des Daches. Da Dächer in einem urbanen Umfeld ohnehin vorhanden sind, beanspruchen sie keinen zusätzlichen Platz. Begrünte Dächer bieten einen Ersatzlebensraum für Tiere und Pflanzen in der Stadt und einen optische Aufwertung des Gebäudes. Nachteile sind die intensivere Planung, die höheren Kosten und die größere Dach Last. (Emschergenossenschaft 2015 a)

7.5. Regenwassernutzung

Eine weitere Möglichkeit um Niederschlagsabflüsse zu reduzieren ist die Nutzung von Regenwasser. Es ist allerdings nur als Ergänzung zu anderen Mitteln der dezentralen Regenwasserbewirtschaftung anzusehen, da nur das stofflich gering belastete Dachwasser in Frage kommt. Der Niederschlag wird vom Dach in Zisternen geleitet und dort gespeichert. In der Regel besitzen diese auch einen Überlauf. Regenwasser kann sowohl in privaten Haushalten, als auch in gewerblichen Betrieben genutzt werden. Anwendungsmöglichkeiten bieten sich grundsätzlich überall, wo keine Trinkwasserqualität vonnöten ist (beispielsweise Toilettenspülung, Waschmaschine, Gartenbewässerung). Das Regenwasser wird zwar einerseits dem Wasserkreislauf entzogen, andererseits spart man so wieder Trinkwasser ein. Das Einsparungspotential liegt bei bis zu 30 Litern Trinkwasser pro Person und Tag aus. Bei Kosten und Aufwand gibt es große Unterschiede zwischen einer einfachen Regentonne und einer Zisterne mit Pumpe, die gereinigt und gewartet werden muss. (Sieker 2016 c)

8. Konkrete Projekte

In den folgenden Kapiteln sollen Beispiele für realisierte Projekte im Bereich der nachhaltigen Wasserwirtschaft aus der Emscher Region dargestellt werden. Es handelt sich um eine Auswahl der zahlreichen Projekte in diesem Gebiet.

8.1. Phoenix-See

Der Phoenix-See (Siehe Abbildung 6) in Dortmund ist ein Projekt im Rahmen des Umbaus der Emscher, das zeigt, wie man nachhaltige Wasserwirtschaft mit Freiraum- und Stadtentwicklung kombinieren kann. Ursprünglich befanden sich auf dem Gelände ein Hochofenwerk und ein Stahlwerk. Mit der Schließung der Werke wurde das Areal zur Industriebrache. Die

Emscher floss vor dem Umbau in einem Kanal direkt unter dem Gelände hindurch. Der Fluss wurde wieder ans Tageslicht gebracht und ist für die Menschen wieder erlebbar. Heute bahnt sich die Emscher ihren eigenen Weg in einem bis zu 50 Meter breiten Flussbett. Dies ermöglichte auch die Entstehung einer Auenlandschaft mit Eigendynamik. Auf der restlichen Fläche wurde ein See mit einer Ausdehnung von 24 Hektar angelegt. Er fungiert als Hochwasserrückhaltebecken für die Emscher und verfügt über einen eigenen Abwasserkanal. Darüber hinaus dient er als Raum für Erholung und Freizeitaktivitäten. Während das Nord- und das Ostufer naturbelassen sind, entstanden im Süden Geschäfte, Restaurants und ein eigener Hafen. Das Gebiet wurde durch den See und die Grünanlagen erheblich aufgewertet, es gilt als attraktive Wohngegend. (Emschergenossenschaft o.J. c)

Abbildung 6 Phoenix-See und Emscher

8.2. Fußball und Naturnahe Regenwasserbewirtschaftung

Da Fußball ein wichtiger Faktor im Ruhrgebiet ist, hat man auch versucht die Vereine einzubinden. In Essen hat man im Zuge des Stadionneubaus die Chance ergriffen und die Entwässerung neu ausgerichtet. Das Regenwasser vom Stadiondach soll naturnah in die angrenzende Berne geleitet werden und nicht wie bisher in die Mischkanalisation. Der Niederschlag der auf den Parkplatz fällt, wird zur Reinigung erst in ein Mulden Rigolen System eingeleitet. Auch in Dortmund wird das Regenwasser des Stadionvorplatzes über eine 200 Meter lange offene Wasserrinne in die Emscher eingeleitet. Das Wasser von den Parkplätzen versickert hier in nahegelegenen Mulden. Die Abkoppelung der Stadien selbst soll in Zukunft erfolgen. Auch in Gelsenkirchen wurde die getrennte Entwässerung von Regenwasser und Abwasser schon realisiert. Eine Versickerung ist auf dem Gelände allerdings nicht möglich, da es Probleme mit vorhandenen Altlasten gibt. Das Wasser fließt über lange Gräben in ein zentrales Rückhaltebecken, das in die Emscher entwässert. (Emschergenossenschaft 2011)

8.3. Küppersbusch-Siedlung

Abbildung 7 Küppersbuschsiedlung

Die Küppersbusch-Siedlung in Gelsenkirchen ist ein interessantes Beispiel für die Integration von Regenwasser-versickerungsanlagen in ein Wohngebiet. Auf dem ehemaligen Areal der Küppersbusch Herdfabrik konnte man In den Neunzigern eine neue Siedlung errichten. Eine linsenförmige Versickerungsmulde (Siehe Abbildung 7) bildet zugleich das Zentrum und Grünfläche der Siedlung. Zugeführt wird das Dachwasser über hochliegende Rinnen, die an Aquädukte erinnern. Man hat hier die Rohre bewusst auch als gestalterisches Element eingesetzt, sie trennen die privaten Bereiche vom zentralen Platz. (Beierlorzer et al 1999: 139)

8.4. Depot Zentrum für Handwerk, Kunst, Medien und Nachbarschaft

Das Depot Zentrum für Handwerk, Kunst, Medien und Nachbarschaft ist ein weiteres innovatives Projekt das Regenwasserbewirtschaftung mit Freiraumgestaltung verbindet. Drei Viertel des ehemaligen Straßenbahndepots in Dortmund konnten schon von der Kanalisation abgekoppelt. Die Schienen der Straßenbahn wurden zu „grünen Schienen" umgebaut, das Wasser kann hier direkt versickern. Über Rohrbrücken wird der Niederschlag auch über Straßen zu Versickerungsmulden transportiert. Weitere kreative Elemente sind eine Mauer die gleichzeitig als Regenrinne dient und Kunstinstallationen in einem Teich die vom Wasser bewegt werden.(Siehe Abbildung 8) (Emschergenossenschaft o.J. d)

Abbildung 8 Rohrbrücke, Mauerrinne und grüne Schienen

8.5. Firma Schley

Die Bochumer Firma Schley zeigt, dass auch gewerbliche Betriebe einen Nutzen aus dezentraler Regenwasserbewirtschaftung gewinnen können. 10.300 m² Dach und Hofflächen entwässern nicht mehr in die Kanalisation. Das Wasser auf den Dachflächen wird in einer Zisterne gesammelt und deckt zu einem großen Teil den Wasserbedarf der Pflanzen des Gartencenters. Der Überlauf wird von einem nahe gelegenen Teich aufgenommen. (Emschergenossenschaft o.J. d)

9. Probleme und Herausforderungen der Zukunftsinitiative Wasser in der Stadt von morgen

Eine große Herausforderung wird in der Bewusstseinsbildung bezüglich des Themas nachhaltige Wasserwirtschaft gesehen. Vor allem die Bekanntheit und Wichtigkeit der Thematik in der Verwaltung, Ingenieur- und Architektenbüros muss vermittelt werden. Ein weiteres Problem liegt in der klaren Abgrenzung des Zuständigkeitsbereichs der Zukunftsinitiative in den Gemeinden. Wichtig sei die Einbindung aller Teilnehmer und die Zusammenarbeit aller betroffenen Fachbereiche der Kommune. „Die nicht überall vorhandene Akzeptanz für Wasserthemen und integrale Handlungsweisen sowie ein eher formal geprägtes Handeln ohne Nutzung von Ermessensspielräumen“ (Emschergenossenschaft 2015 b: 19) werden als Probleme genannt. Die Bürokratie wird auch in anderen Fällen als Hindernis gesehen, beispielsweise gibt es oft Diskrepanzen zwischen der Wasser- und der Naturschutzgesetzgebung. (Emschergenossenschaft 2015 b: 19) Laut Michael Becker, dem Abteilungsleiter der Wasserwirtschaft der Emscher Genossenschaft, sei es in den letzten Jahren zunehmend schwieriger geworden, neue Projekte an den Start zu bringen. Als Grund werden sowohl die geringe finanzielle Ressourcenausstattung der Gemeinden und der Mangel an Personal genannt. Außerdem seien einfache Projekte zuerst umgesetzt worden, zeit-und kostenintensive Maßnahmen bleiben noch offen. (Emschergenossenschaft 2015 b: 12) Die Bauvorhaben werden meist nach ihrer Kosteneffizienz bewertet und nicht nach dem ökologischen Mehrwert, den diese der Kommune bieten. (Emschergenossenschaft 2015 b: 19)

10. Fazit

Der Umgang mit Wasser in der Emscherregion zeigt, dass auch in einem so dicht besiedelten Raum wie dem Ruhrgebiet Platz für Fließgewässer und dezentrale Regenwasser-bewirtschaftung vorhanden ist. Aufgrund der zahlreichen Möglichkeiten natürlicher Entwässerungssysteme können sowohl einzelne Privathaushalte, als auch ganze Siedlungen problemlos von der Kanalisation abgekoppelt werden. Ein Umdenken hat eingesetzt, Wasser wird als Gestaltungselement und Erholungsraum entdeckt. Die Städte werden durch Projekte wie den Phoenix-See aufgewertet, sowohl ökologisch, als auch als Siedlungsraum. Die Emscherregion kann als Vorbild für andere urbane Gebiete dienen, wenngleich es noch einiges zu verbessern gibt. Dezentrale Regenwasserbewirtschaftung und naturnahe Fließgewässer müssen eine Selbstverständlichkeit in der Stadtplanung werden. Projekte sollten nicht allein aufgrund ihrer Kosten bewertet werden, sondern hinsichtlich ihres langfristigen Nutzens und der Nachhaltigkeit. Mit der Zukunftsinitiative „Wasser in der Stadt von Morgen“ wurde hier ein wichtiger Impuls gesetzt, dass diese positive Entwicklung sich auch weiterhin fortsetzt.

Literaturverzeichnis

Beierlorzer, Henry; Boll, Joachim; Ganser, Karl; IBA Emscher Park Gmbh (Hg.) (1999): IBA Emscher Park. Siedlungskultur. Neue und alte Gartenstädte im Ruhrgebiet. Vieweg Verlag: Wiesbaden. 166 S.

Bund für Umwelt und Naturschutz Deutschland e.V. (BUND) (Hg.) (2002): Ökologischer Hochwasserschutz. Raum für naturnahe Gewässer, Auen und Feuchtgebiete – Schutz für die Menschen. Online verfügbar unter: http://www.bund.net/fileadmin/bundnet/publikationen/wasser/20020400_wasser_oekologischer_hochwasserschutz_hintergrund.pdf [18.07.2016].

Magistrat der Stadt Wien (Hg.) (2013): Regenwassermanagement. Nachhaltiger Umgang mit wertvollem Regenwasser. (Broschüre). Wien.

Emschergenossenschaft (o.J. a): Über uns. Online verfügbar unter: http://www.eglv.de/wasserportal/ueber-uns/emschergenossenschaft/ [18.07.2016].

Emschergenossenschaft (o.J. b): Zukunftsinitiative „Wasser in der Stadt von Morgen". Online verfügbar unter: http://www.emscher-regen.de/index.php?id=48 [18.07.2016].

Emschergenossenschaft (o.J. c): Phoenix aus der Asche – Ein See für Dortmund. Online verfügbar unter: http://www.eglv.de/emschergenossenschaft/emscher-umbau/das-neue-emschertal/phoenix-see/ [16.07.2016].

Emschergenossenschaft (o.J. d): Regenwasserprojekte in der Emscherregion. Online verfügbar unter: http://www.emscher-regen.de/index.php?id=8 [20.07.2016].

Emschergenossenschaft (Hg.) (2011): Naturnahe Regenwasserbewirtschaftung an Fußballstadien. In: Regen auf dem richtigen Weg. Nr. 4/2011. (Broschüre). Essen.

Emschergenossenschaft (Hg.) (2015 a): Dachbegrünungen – Wirksam und attraktiv zur Verbesserung des Stadtklimas. In: Regen auf dem richtigen Weg. Nr. 1/2015. (Broschüre). Essen.

Emschergenossenschaft (Hg.) (2015 b): Dokumentation. Wasser in der Stadt von morgen. Herausforderungen und Perspektiven. (Broschüre). Essen.

Held, Thomas (2013): Dezentrale Versickerung von Niederschlagswasser. In: Geographische Rundschau 65 (7-8), S. 52–55

Sauerland, Christian; Sommerhäuser, Mario; Stemplewski, Jochen (2013): Generationenprojekt: Umbau des Emscher-Systems. In: Geographische Rundschau 65 (7-8), S. 42-50.

Sieker, Heiko (2016 a): Teiche. Online verfügbar unter: http://www.sieker.de/de/fachinformationen/regenwasserbewirtschaftung/verdunstung/article/teiche-212.html

Sieker, Heiko (2016 b): Dachbegrünung. Online verfügbar unter: http://www.sieker.de/de/fachinformationen/regenwasserbewirtschaftung/verdunstung/article/dachbegruenung-186.html [30.07.2016].

Sieker, Heiko (2016 c): Regenwassernutzung. Online verfügbar unter: http://www.sieker.de/de/fachinformationen/regenwasserbewirtschaftung/article/zisternen-194.html [30.07.2016].

Umweltschutzverein Bürger und Umwelt (Hg.) (2009): Regenwasserversickerung. Leitfaden für Versickerungselemente auf Privatgrund. (Broschüre). St. Pölten. 25 S.

Abbildungsverzeichnis

BEI GRIN MACHT SICH IHR WISSEN BEZAHLT

- Wir veröffentlichen Ihre Hausarbeit, Bachelor- und Masterarbeit

- Ihr eigenes eBook und Buch - weltweit in allen wichtigen Shops

- Verdienen Sie an jedem Verkauf

Jetzt bei www.GRIN.com hochladen und kostenlos publizieren